BEI GRIN MACHT SICH IHR
WISSEN BEZAHLT

- Wir veröffentlichen Ihre Hausarbeit,
  Bachelor- und Masterarbeit

- Ihr eigenes eBook und Buch -
  weltweit in allen wichtigen Shops

- Verdienen Sie an jedem Verkauf

Jetzt bei www.GRIN.com hochladen
und kostenlos publizieren

Jonas Lövenich

We safe the world

Eine kritische Auseinandersetzung mit dem Phänomen des "Volunteer Tourism"

GRIN Verlag

Bibliografische Information der Deutschen Nationalbibliothek:

Die Deutsche Bibliothek verzeichnet diese Publikation in der Deutschen National-
bibliografie; detaillierte bibliografische Daten sind im Internet über http://dnb.d-
nb.de/ abrufbar.

Impressum:

Copyright © 2011 GRIN Verlag GmbH
Druck und Bindung: Books on Demand GmbH, Norderstedt Germany
ISBN: 978-3-640-93905-3

Dieses Buch bei GRIN:

http://www.grin.com/de/e-book/173626/we-safe-the-world

GRIN - Your knowledge has value

Der GRIN Verlag publiziert seit 1998 wissenschaftliche Arbeiten von Studenten, Hochschullehrern und anderen Akademikern als eBook und gedrucktes Buch. Die Verlagswebsite www.grin.com ist die ideale Plattform zur Veröffentlichung von Hausarbeiten, Abschlussarbeiten, wissenschaftlichen Aufsätzen, Dissertationen und Fachbüchern.

Besuchen Sie uns im Internet:

http://www.grin.com/

http://www.facebook.com/grincom

http://www.twitter.com/grin_com

„We safe the world!"

Eine kritische Auseinandersetzung mit dem

Phänomen des Volunteer-Tourism

Hausarbeit

vorgelegt von

Jonas Lövenich

Studienfach: L3 Sport, Geographie, L2 Mathematik

Institut für Geographie

Fachbereich 07 der Justus-Liebig-Universität Gießen

Zeichen: 18.779

Gießen, Januar 2011

Inhaltsverzeichnis

1. Abstrakt

Immer häufiger wählen junge Menschen und Rentner eine neuartige Form des Verreisens, den Volunteer-Tourismus. Was bedeutet er? In welchen Variationen taucht er auf? Wie berichten Teilnehmer davon? Was veranlasst sie dazu auf diese Art zu verreisen? Welche Chancen und Risiken sind vom Volunteer-Tourismus zu erwarten? Fragen, auf die ich im Folgenden eingehen möchte.

2. Was bedeutet Volunteer Tourismus?

Neben vielen Übersetzungsmöglichkeiten des englichen Wortes „volunteer", ist auf den Tourismus bezogen, vor allem die Bedeutung *freiwillig* und *ehrenamtlich* von Relevanz. Sinngemäß bedeutet „Volunteer-Tourism" also Freiwilligendienst oder ehrenamtliches Engagement, allerdings im Zusammenhang mit Tourismus und findet somit häufig im Ausland satt.

S.Wearing konkretisiert den Begriff folgendermaßen (WEARING, S. 2001, S.1):

„The generic term ‚volunteer tourism' applies to those tourists who, for various reasons, volunteer in an organized way to undertake holidays that might involve aiding or alleviating the material poverty of some groups in society, the restoration of certain environments or research into aspects of society or environment."

3. Verschiedene Formen des Volunteer-Tourismus

In Printmedien und Internet kursieren unterschiedliche Begriffe, Variationen sowie Bedeutungen des Volunteer-Tourismus. Einige davon sollen im Folgenden erläutert werden (RHODE 2011):

3.1 Volunteering

Volunteering oder *Freiwilligenarbeit im Ausland* stellt einen Sammelbegriff für alle Formen von freiwilliger Arbeit dar, die man im Ausland verrichten kann. *Volunteer* bezeichnet dabei die Person, die Freiwilligendienst im Ausland ausübt.

3.2 Internationaler Freiwilligendienst (IFD)

Hier werden freiwillige Helfer von einem Träger (Entsendeorganisation) z.B. Kirchen, Wohlfahrtsverbände oder sonstigen Organisationen, die freiwilligen Projekte finanziell

1

unterstützen, entsendet. Die IFD-Projekte dauern in der Regel drei bis achtzehn Monate und liegen vor allem im sozialen, aber auch im ökologischen sowie im kulturellen Bereich.

Ein sehr be- und anerkanntes Beispiel hierfür ist die Organisation *weltwärts*. Ihre Philosophie stellt sie auf ihrer Internetseite folgendermaßen vor:

„>Lernen durch tatkräftiges Helfen< ist das Motto des Freiwilligendienstes. weltwärts soll das Engagement für die Eine Welt nachhaltig fördern und versteht sich als Lerndienst, der jungen Menschen einen interkulturellen Austausch in Entwicklungsländern ermöglicht. Durch die Arbeit mit den Projektpartnern vor Ort in den Entwicklungsländern sollen die Freiwilligen unter anderem lernen, globale Abhängigkeiten und Wechselwirkungen besser zu verstehen. Den Projektpartnern soll der Einsatz im Sinne der Hilfe zur Selbsthilfe zugute kommen.

weltwärts soll gegenseitige Verständigung, Achtung und Toleranz fördern: Gemeinsames Arbeiten und Lernen kennt weder Rassismus noch Ausgrenzung. Der neue Freiwilligendienst wird einen wichtigen Beitrag zur entwicklungspolitischen Informations- und Bildungsarbeit leisten und den Nachwuchs im entwicklungspolitischen Berufsfeld fördern." (BAUR 2007).

3.3 Workcamps

Workcamps sind Projekte, in denen junge Menschen aus ganz unterschiedlichen Nationen zusammenkommen um gemeinsam für ein (gemeinnütziges) Projekt zu arbeiten. Workcamps kann man auch im IFD ansiedeln; sie unterscheiden sich jedoch sehr hinsichtlich Dauer, Größe und Altersspannen. Die meisten sind eher kurz, dauern zwei bis sechs Wochen und haben 10 bis 20 Teilnehmer, die zwischen 18 bis 30 Jahre alt sind.

3.4 Freiwilliges Soziales Jahr / Freiwilliges Ökologisches Jahr

FSJ/FÖJ kennzeichnen sich dadurch, dass ihre Dienste in Deutschland gesetzlich anerkannt und staatlich gefördert sind, was sich in präzisen Vorgaben niederschlägt.
Der Zeitraum beinhaltet zwölf Monate. Bewerben können sich 18 bis 27 jährige Personen. Männer konnten dies bislang auch als Alternative zu ihren Wehr-/Zivildienst ableisten. Typische Einsatzgebiete sind Krankenhäuser, Altersheime, Behinderten-Einrichtungen, Jugendheime/-zentren sowie Naturschutzprojekte (FÖJ).

Ähnlich wie die bereits dargestellten Formen, aber dennoch erwähnenswert sind zudem folgende Arten von Freiwilligendiensten (MÜHLEIS 2010): Der Internationale Freiwilligendienst für unterschiedliche Lebensphasen (IFL), der Europäische Freiwilligendienst (EFD) sowie der Andere Dienst im Ausland (ADiA).

4. Persönliche Erfahrungen als Volunteer

4.1 Wie kam es zu meinem Auslandsaufenthalt?

Meine Vorliebe für Klettern und Bergsteigen resultiert aus meiner Begeisterung für Berge. Ein besonderer Anreiz war für mich das Himalaya, das Dach der Erde. 2008 erfüllte ich mir nach meinem Abitur einen großen Traum und flog mit einem Freund zunächst nach Indien und später per Zug und Bus nach Nepal. Ich plante, mich zwei Monate in diesem Land aufzuhalten, um es in dieser Zeit intensiv kennenzulernen. Erst in Nepal entstand spontan der Gedanke an Volunteering. Da ich den Wunsch hegte nach meinem Zivildienst ein Lehramtsstudium aufzunehmen, informierte ich mich nach einer englischsprachigen Schule. In der „Sargarmatha Niketan School" wurde ich dankbar und gastfreundlich aufgenommen.

4.2 Was waren prägende Ereignisse?

Prägend war zunächst sicherlich eine komplett andere Kultur nicht nur kennenzulernen, sondern auch in ihr teilweise integriert zu sein und mit einem völlig unterschiedlichen Schulsystem konfrontiert zu werden. Einerseits war es sehr lehrreich für mich, andererseits aber gleichzeitig auch abschreckend und desillusionierend. So wurde ich beispielsweise Zeuge davon, dass Schüler „aus pädagogischen Gründen" mit einem Stock geschlagen wurden. Auch geschieht dort Lernen mehr aus Druck und Disziplin, als aus Motivation und Interesse. Ich sah autoritären Frontalunterricht wie ich ihn mir zuvor nur aus Erzählungen meiner Großeltern vorstellen konnte.
Aber auch positive Beispiele möchte ich in diesem Kontext erwähnen. Ich durfte in der Schule viel Verantwortung übernehmen und viele eigene Unterrichtsstunden halten. Für meine Ideen bekam ich häufig positives Feedback. Zudem trainierte ich meine englischen Sprachkenntnisse.

Die Freundschaften, die ich in dieser Zeit schloss, halfen mir sehr. Beispielsweise erhielt ich Einladungen von verschiedenen Lehrern. Einmal wanderte ich dabei mit einem Lehrer zu seinem entlegenen Heimatdorf, wo wir abgeschnitten von Elektrizität und fließendem Wasser bei seinen Eltern übernachteten. Die Bilder sind mir noch sehr nah und oft denke ich heute noch an dieses Erlebnis zurück.

4.3 Reflexion

Würde ich es wieder tun oder Mitmenschen empfehlen? Die Frage kann ich eindeutig mit „ja" beantworten. Auch wenn mich bestimmte Erziehungsmethoden abgeschreckt haben, so überwiegt meine Bewunderung dafür, wie man mit wenig Geld und Mitteln einen so lebendigen Schulalltag und -zusammenhalt gestalten kann. Dies zeigte sich mir insbesondere durch mehrere Schulveranstaltungen, wie etwa einem Spelling-Contest, indem Klassen gegeneinander antraten um möglichst schnell Wörter richtig zu buchstabierten, einer Tanzaufführung, indem Mädchen den klassischen Volkstanz zeigten, oder der zwei Mal pro Woche stattfindenden „assembly", ein Zusammentreffen aller Schüler auf dem Schulhof, indem Neuigkeiten und aktuelle Themen angesprochen wurden.

Tatsächlich habe ich das Gefühl zu einer positiven Veränderung beigetragen zu haben, indem ich mit neuen Ideen den Unterricht ergänzte. So empfinde ich, dass das Völker-ball-Spiel, das dort keiner zuvor kannte, im Sportunterricht bei Kollegen und Schülern auf großes Interesse stieß, und von Seiten der Schüler oft wiederholt werden wollte.

Im Sommer 2010 flog ich erneut nach Nepal, unter anderem um die Schule zu besuchen, welches eine berührende Begegnung für mich war.

5. Motivanalyse

Im Rahmen von H. L. Sins Arbeit über Volunteer-Tourismus wurden Interviews mit Freiwilligen analysiert und vier Hauptgründe herausgestellt, die Volunteers dazu veranlassen ins Ausland zu reisen um dort ihre Hilfe anzubieten (SIN 2009, S.487 f.):

5.1 "I want to Travel"

Viele Volunteers wollen vor allem die Chance nutzen „endlich" ins Ausland zu kommen, um dieses nicht nur oberflächlich kennen zu lernen, sondern es durch Integration und Zeit authentisch und nachhaltig zu verinnerlichen.
Eine Balance zwischen Geben und Nehmen, Reisen und Arbeiten, das Sprungbrett um in ein anderes Land zu gelangen und dabei „Gutes" zu leisten, oder um es provokant

zu formulieren: Man will sich etwas Gönnen und gleichzeitig sein Gewissen befriedigen. Das scheint für viele Volunteers die perfekte Kombination zu sein.

Von 129 befragten Teilnehmern eines Volunteerprojektes gaben hier 85,7 % an, dass der Besuch von fernen Ländern ein wichtiger Motivationsgrund für sie war und stellen somit in dieser Statistik den dritt wichtigsten Motivationsgrund dar (SCHIEKEL S.111).

5.2 "I Want to Contribute"

Mit- und Zusammenarbeit lauten hier die Schlagwörter. Die Freiwilligen wollen einen aktiven Betrag dazu leisten eine Situation zu verbessern oder gar Not zu lindern. In Schieckels Statistik gibt immerhin jeder der Befragten an, dass Bedürftigenhilfe für sie/ihn eine zugrundelegende Motivation sei (SCHIEKEL S.111).
Woher kommt nun die Motivation Bedürftigen helfen zu wollen?
Psychologisch betrachtet könnte man auch hier eine Gratwanderung zwischen Gerechtigkeitsdenken und Eigennutz unterstellen, aber eine adäquate Beantwortung dieser Frage würde hier zu umfangreich. Bedenklich wird Bedürftigenhilfe erst dann, wenn die Vermittlung von persönlichen Ideologien dabei eine Rolle spielt, ein Verdacht, der insbesondere bei kirchlichen Volunteer-Organisationen naheliegt.

5.3 "I Want to See If I Can Do This"

Woher sollte man im Vorhinein wissen, inwiefern man geeignet ist, sich in fremde Kulturen einzugliedern, und der Problematik, resultierend daraus längere Zeit weit weg von seiner Heimat zu sein, standzuhalten? So sehen viele Volunteers ihr Projekt auch als persönliche Herausforderung. Mut und Durchhaltevermögen zu zeigen, sich ezwas völlig Neues zu wagen, und im Idealfall sogar positive Effekte daraus zu ziehen, das bewegt insbesondere junge Menschen dazu ins Ausland zu gehen und dort freiwillig zu arbeiten. Laut Schiekel sehen hier 68,6 % die persönliche Entwicklung als wichtigen Anlass (SCHIEKEL S.111).

5.4 "It's More Convenient This Way"

Hierunter versteht L. Sin alle Formen an praktischen Gründen, die für Volunteer-Tourismus sprechen. Zum Beispiel ist es für Frauen einfacher und sicherer sich einer Gruppe anzuschließen als allein durch Entwicklungsländer zu reisen (SIN 2009, S.490).
Auch finanziell ist Volunteer-Tourismus reizvoll, da man durch das Arbeiten vor Ort günstiger lebt (SIN 2009, S.490). In vielen Fällen muss man deswegen zum Beispiel

keine Unterkunftskosten tragen, oder das Essen wird gestellt. In seltenen Fällen be-
kommt man sogar eine „Taschengeldvergütung" für die Arbeit.

6. Positive Auswirkungen des Volunteer-Tourismus

Will man positive Auswirkungen analysieren, so muss man zunächst in der Subjektivi-
tät der Auswirkungen differenzieren. Im Falle des Volunteer-Tourismus kann man hier
drei Gewinner, Volunteers, die entsendenden Organisationen und die Empfänger, fest-
stellen.

Wenn man nun nachvollzieht aus welchen Motiven junge Menschen freiwillig in ferne
Länder reisen um dort zu arbeiten, so wird auch schnell deutlich in welcher Form sie
davon profitieren.
Neben den Empfängern sind es aber vor allem die entsendenden Organisationen, die
sich durch gemeinnützige Projekte Reputation, Stellungen und, kritisch zu betrachtend,
auch Kapital aufbauen. Welche Vorzüge zieht also moralisch gesehen die wichtigste
Instanz, die Empfänger der freiwilligen Hilfe?
Zunächst profitieren sie von den Dienstleistungen, die in den meisten Fällen unentgelt-
lich sind oder es zumindest sein sollten. Hinzukommen kann das Know-How, welches
die Volunteers mitbringen. In der Medizin, im Bildungssektor, oder in praktischeren
Tätigkeiten wie Aufbau-, Sport- oder Musikprojekten wird dies deutlich. Außerdem sollte beachtet werden, dass ohne Volunteer-Tourismus viele gemeinnützige Projekte aus
finanziellen Gründen gar nicht stattfinden könnten.

Aber auch interkulturell werden die Empfänger gleichermaßen, wie Volunteers, positiv
beeinflusst. Raymund/Hall schreiben hier in ihrer Arbeit über "The Development of
Cross-Cultural (Mis)Understanding Through Volunteer Tourism":
"Volunteer tourism potentially provides the opportunity to develop crosscultural understanding and a sense of global citizenry among participants." (RAYMUND/HALL 2008,
S. 541).
In diesem Kontext nennen weitere Autoren Bezeichnungen wie „peace through
tourism" (BROWN/MORRISON 2003) oder „reconciliation tourism" (CRABTREE 1998)
um zu verdeutlichen, welches Potenzial und welche Verantwortung von diesem spezi-
ellen Tourismus zu erwarten ist (RAYMUND/HALL 2008, S. 541).

Konkret wird also ausgesagt, dass Tourismus Kulturen verbinden (*crosscultural understanding*) und öffnen sowie Akzeptanz und Toleranz vermitteln oder sogar Versöhnung (*reconciliation tourism*) bewirken kann.

Zusammenfassend kann auf Grund der genannten Vorteile behauptet werden, dass Volunteer-Tourismus das Potenzial besitzt eine nachhaltige Tourismusform zu verkörpern. Natürlich ist diese Hypothese abhängig von bestimmten Faktoren. Schiekel schreibt hier:

„Ob der Volunteer-Tourismus den Anforderungen einer nachhaltigen Tourismusentwicklung entspricht, hängt sehr stark davon ab, wie die einzelnen Projekte umgesetzt werden. Hier ist vor allem das Verantwortungsbewusstsein der Anbieter solcher Reiseprogramme gefragt. Nur durch enge Kooperationen mit der lokalen Bevölkerung kann sichergestellt werden, dass diese partizipiert und dass Volunteer-Touristen an den für sie passenden Projekten teilnehmen." (SCHIEKEL 2009).

7. Schattenseiten des Volunteer-Tourismus

Was könnte gegen Volunteer-Tourismus sprechen?
Ein Hauptargument soll hier in Abbildung 1 angesprochen werden, nämlich die Diskrepanz zwischen dem Ziel ernstzunehmende Not zu lindern, zu helfen und gleichzeitig Urlaub zu unternehmen und zu genießen.
Genau dies untersuchte N. Schiekel im Rahmen eines Volunteerprojektes (Workcamps)in Südafrika mit der Hypothese:

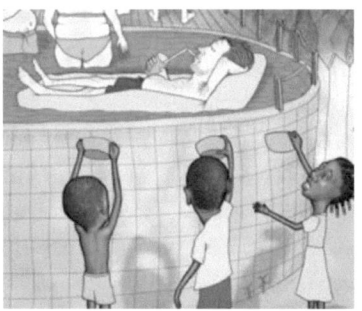

Abbildung 1

„Die Volunteer-Reise droht zu einem „Spaß-Produkt", ohne entwicklungspolitischen Hintergrund zu werden." (SCHIEKEL 2008, S. 114). Sie kam dabei zu folgendem Ergebnis:

„Das Spaßmotiv hat hier keinen vorrangigen Stellenwert. Das Motiv >Helfen< wird zu 100 Prozent angegeben, alle weiteren Gründe sind zusätzlich genannt. Dies könnte eventuell an der Altergruppe[!] liegen [...]" (SCHIEKEL 2008, S. 114).
Dies ist eine interessante, jedoch leider nicht repräsentative Untersuchung, da nur ein einziges Projekt untersucht wurde. Wie sieht es außerhalb von Workcamps aus, wo keine soziale Kontrolle untereinander stattfindet? Organisationen, Empfänger und nicht zuletzt auch Volunteers sollten folglich für diese Problematik sensibilisiert werden.

Ebenfalls vorsichtig sollte man über die Hilfe von kirchlichen Trägern urteilen. Denn hier besteht die Gefahr, dass diese nicht frei von der Vermittlung von Ideologien sind. So bin ich selber Zeuge von Missionarsschulen in Indien gewesen, die Kindern gratis Bildung anbieten, jedoch auch damit verbunden christliche Werte zu vermitteln versuchen. Abwertend ließe sich formulieren, dass Missionarsschulen Not auszunutzen um persönliche Überzeugungen beeinflussbaren Kindern überzustülpen.

Ein weiterer Kritikpunkt betrifft insbesondere die entsendenden Organisationen. Denn eine Qualitätssicherung kann nicht garantiert werden. Wer kontrolliert wen und wer kann Qualitätsstandards der Arbeit gewährleisten? Problematisch wird dieser Kritikpunkt erst dann, wenn Volunteers viel Verantwortung übernehmen, wie bei medizinischen Projekten. Um es zu verdeutlichen: Im Extremfall könnte es passieren, dass zwischen Leben und Tod entschieden werden muss. Ein Fehler auf Grund von mangelnder Ausbildung oder unqualifizierter Arbeit wäre also gravierend.

Problematisch sollte man auch die Abhängigkeit von externer Hilfe einstufen. Ziel vieler Organisationen ist schließlich die Hilfe zur Selbsthilfe. Wie wird dieser Leitfaden jedoch in der Praxis verfolgt? Bleiben die neu entstandenen Angebote auch ohne Volunteers weiterhin bestehen? Diese Fragen sollten sich insbesondere die Empfänger stellen.

Nicht zu Letzt ist die Frage wichtig, wer am meisten vom Volunteer-Tourismus profitiert. Sind es wirklich die Empfänger oder die Organisationen? Recherchiert man im Internet nach Entsendeorganisationen, so trifft man auf eine Vielzahl von kommerziellen Angeboten. So wirbt der Reiseanbieter TUI beispielsweise mit „Verändere Dich - verändere die Welt!", „Finde heraus, wieviel[!] Volunteer in Dir steckt!" oder „Die Welt wartet auf Dich!" (HARTMANN et al.). Volenteer-Tourismus droht also zu einem Massenprodukt zu werden und die Nachhaltigkeit kann somit wieder infrage gestellt werden.

8. Urteil

Zusammenfassend komme ich zu dem Fazit, dass kommerzieller Volunteer-Tourismus nicht vertretbar ist, da die Gefahr besteht, dass Hilfe Auslöser von Abhängigkeiten wird und die Nutznießer überwiegend die Selbstfindungsakteure sind. Wenn aber eine Nachhaltigkeit gewährleistet ist, dann ist Volunteer-Tourismus eine Bereicherung.

Er bewegt junge Menschen und ihr Denken, ebenso wie die Empfänger dieser Hilfe. Er verbindet Kulturen auf eine praktische und sinnvolle Art und Weise und leistet meiner

Meinung nach, wenn auch im geringem Maße, tatsächlich einen kleinen Beitrag dazu, die Welt fairer zu gestalten.

Ich schließe mit dem Statement: **Ich würde es wieder tun!**

9. Literaturverzeichnis

Baur, H.-P. (2007): *weltwärts*. Abgerufen am 28. Frebruar 2011 von Der Freiwilligendienst des Bundesministeriums für wirtschaftliche Zusammenarbeit und Entwicklung: http://www.weltwaerts.de/ueber_weltwaerts/idee_hintergrund.html

Brown, S. M. (2003): Expanding volunteer vacation participation: An exploratory study on the mini-mission concept. *Tourism Recreation Research 28 (3)* , 73–82.

Crabtree, R. D. (1998): Mutual empowerment in cross-cultural participatory development and service learning: Lessons in communication and social justice from projects in El Salvador and Nicaragua. *Journal of Applied Communication Research 26 (2)* , 182–209.

Kerstin Hartmann, S. L. (kein Datum): *TUI.com*. Abgerufen am 28. Februar 2011 von http://www.tui.com/urlaub-mit-tui/marken/volunteer-reisen/

Mühleis, U. (2010): *RESET For A Better World*. Abgerufen am 28. Februar 2011 von http://reset.to/themen-fuer-nachhaltig-arbeiten-jetzt/internationaler-freiwilligendienst-ifd?gclid=CKPf5M6l0KYCFcoe3wodNF4dJg

Nancy Gard McGehee, C. A. (2005): SOCIAL CHANGE, DISCOURSE AND VOLUNTEER TOURISM. *Annals of Tourism Research, Vol. 32, No. 3* , 760–779.

Raymond, E. M., & Hall, M. C. (2008): The Development of Cross-Cultural (Mis)Understanding Through Volunteer Tourism. *JOURNAL OF SUSTAINABLE TOURISM* , 530 - 543.

Rhode, C. (2011): *Auslandszeit.de*. Abgerufen am 28. Februar 2011 von http://www.auslandszeit.de/freiwilligenarbeit.html

Schiekel, N. (2008): *volunteer tourismus. instrument einer nachhaltigen tourismusentwicklung in südafrika?* Abgerufen am 28. Februar 2011 von http://www.eed.de//fix/files/doc/volunteer_tourismus_1.pdf

Schiekel, N. (2009): *Volunteer-Tourismus: Risiken und Chancen.* Abgerufen am 28. 02 2011 von Einschätzungen aus Deutschland und Südafrika: http://www.tourism-watch.de/node/1256

Sin, H. L. (2009): VOLUNTEER TOURISM -"INVOLVE ME AND I WILL LEARN"? *Annals of Tourism Research* , S. 480-501.

Stiglechner, L. (2009): *Volunteer Tourismus. Eine anthropologische Analyse.* Wien.

Wearing, S. (2001). *Volunteer Tourism. Experiences that Make a Difference.* Wallingford.

10. Abbildungsverzeichnis

Abbildung 1: http://www.utne.com/uploadedImages/utne/articles/issues/2009-11-01/poolside-in-hell.jpg (28.02,2011)